AF174722

Test de repaso del Reglamento de seguridad para instalaciones frigoríficas (RSIF)

2.ª edición

cano▚pina

2.ª edición - 2025
1.ª edición - 2022

© 2025, Editorial Cano Pina

     www.canopina.com

     ediciones@canopina.com

ISBN: 978-84-18430-98-5

DL MU 1378-2025

Impreso en España

Índice

Prólogo

Este libro reúne material de repaso recopilado para el alumnado que se prepara para la certificación de profesionales frigoristas.

Su objetivo es servir como ayuda y complemento al Reglamento de Seguridad para Instalaciones Frigoríficas (RSIF), facilitando la comprensión y memorización de sus contenidos.

Incluye una serie de tests que permiten repasar tanto el reglamento como sus instrucciones técnicas complementarias, contribuyendo así a una preparación más completa.

── TEST 1 ──

1. ¿Qué establece el RD 138/2011 respecto a los organismos de control habilitados previamente?

☐ a) Que deberán cesar inmediatamente su actividad al entrar en vigor el nuevo reglamento

☐ b) Que deben solicitar una nueva habilitación antes de continuar con su actividad

☐ c) Que pueden seguir desarrollando sus actividades habilitadas durante 18 meses desde la entrada en vigor del nuevo reglamento

2. Las instalaciones frigoríficas que se encontraban en ejecución a la entrada en vigor del RSIF (2/01/2020), podrán ejecutarse según la normativa anterior en un plazo máximo de:

☐ a) 1 año

☐ b) 2 años

☐ c) 6 meses

3. En las empresas habilitadas por el RITE a la entrada en vigor de este reglamento, ¿cuál será su plazo máximo para adaptarse al mismo?

☐ a) 1 año

☐ b) 2 años

☐ c) No le afecta el RSIF en cuanto a su habilitación

4. Quedan excluidas del ámbito de aplicación del RSIF. Señala la errónea:

☐ a) Los sistemas de climatización para el bienestar térmico de las personas, se aplicará el RITE

☐ b) Los sistemas de refrigeración compactos con carga de refrigerante del grupo L1, inferior a 2,5 kg

☐ c) Los sistemas de refrigeración compactos con carga de refrigerante del grupo L1, inferior a 3 kg

5. Atendiendo a criterios de seguridad, toxicidad e inflamabilidad, los refrigerantes se clasifican en:

☐ a) 3 grupos

☐ b) 4 grupos

☐ c) 2 grupos principales atendiendo a su nivel de toxicidad e inflamabilidad, cada uno de los cuales se divide a su vez en subgrupos

6. Atendiendo a la forma en que se realiza el intercambio de calor, los fluidos secundarios se clasifican en tres tipos: a, b y c. En las siguientes definiciones, ¿cuál corresponde al tipo b?

☐ a) Fluidos cuyo intercambio de calor se verifica por el cambio de fase líquido-vapor

☐ b) Fluidos cuyo intercambio de calor se verifica por transferencia de calor sensible

☐ c) Fluidos cuyo intercambio de calor se verifica por fase de sólido-líquido

7. En la industria alimentaria, está expresamente prohibido el uso, como fluidos secundarios, de:

☐ a) Los preparados tóxicos utilizados únicamente en el circuito primario, siempre que no entren en contacto con productos alimenticios

☐ b) Los preparados tóxicos que en caso de fuga puedan mezclarse con los productos alimenticios

☐ c) Los preparados que por capilaridad se puedan mezclar con los productos alimenticios sean de la naturaleza que sean

8. Clasificación de los sistemas de refrigeración, señala la opción que NO corresponde:

☐ a) Sistemas directos

☐ b) Sistemas indirectos

☐ c) Sistemas mixtos

9. Los instaladores habilitados por el RITE, ¿pueden instalar, mantener y reparar las instalaciones del RSIF?

☐ a) Solo las incluidas en el RITE

☐ b) Las instalaciones de Pn < 30 kW

☐ c) No pueden porque es otra normativa

10. ¿Qué es una empresa automantenedora?

☐ a) La que tiene los procesos automatizados por APP

☐ b) No existe tal denominación en el reglamento

☐ c) Las que conservan y mantienen sus propias instalaciones

11. Las empresas frigoristas habilitadas, ¿pueden realizar y mantener todo tipo de instalaciones?

☐ a) Solo las de su nivel

☐ b) Sí, las de nivel 2

☐ c) Sí, las de nivel 1

12. ¿Tienen obligación las empresas frigoristas de llevar un registro de las instalaciones realizadas, tipo de aparatos, características, cliente y fecha de finalización de la instalación?

☐ a) Sí

☐ b) No

☐ c) Solo si son instalaciones de más de 100 kW

13. ¿Cuál de las siguientes es una responsabilidad específica de la empresa frigorista en relación con la ejecución de la obra?

☐ a) Que los materiales suministrados sean adecuados y cumplan la normativa

☐ b) Que las uniones soldadas las realice personal acreditado

☐ c) Realizar y certificar las pruebas de presión y estanqueidad, tanto parciales como totales

14. Una vez finalizada la puesta en marcha de una instalación frigorífica, la empresa frigorista:

☐ a) Proporcionará el teléfono de averías para el periodo de garantía

☐ b) Le entregará el esquema y memoria de la instalación al usuario

☐ c) Le entregará un manual o tabla de instrucciones para su correcto servicio y actuación en caso de avería

15. ¿Qué debe incluir el libro registro de la instalación frigorífica, que debe mantenerse actualizado?

☐ a) Solo los aparatos instalados y la fecha de la primera inspección.

☐ b) Únicamente las revisiones obligatorias realizadas por el titular.

☐ c) Datos de los aparatos, procedencia, empresa instaladora, inspecciones, revisiones y reparaciones realizadas, con sus detalles

16. ¿Cuál será la cuantía mínima del seguro de responsabilidad del titular de una instalación de nivel 2, con refrigerante del grupo L2?

☐ a) 300.000 €

☐ b) 500.000 €

☐ c) 600.000 €

17. El titular de la instalación de nivel 2 tendrá a una persona expresamente encargada de la misma, será instruida en su funcionamiento, así como en la prevención del riesgo. ¿Quién debe facilitar dicha formación y cómo?

☐ a) La empresa, en horario laboral; la formación quedará documentada

☐ b) El trabajador antes de ser contratado

☐ c) Será formado por la empresa instaladora al finalizar la instalación

18. En una instalación que contiene refrigerante de la clase A2L, ¿quién realiza la instalación?

☐ a) Empresa de nivel 1

☐ b) Empresa de nivel 2

☐ c) Empresa de nivel 2 con proyecto

19. Las instalaciones de nivel 2 serán realizadas por:

☐ a) Empresas de nivel 2

☐ b) Empresas de nivel 2, bajo la dirección de un técnico titulado competente

☐ c) Empresas de nivel 2, con proyecto

20. Una vez finalizada una instalación de nivel 1 y realizadas las pruebas de idoneidad, ¿qué presentará el titular ante el órgano de la Comunidad Autónoma? Señala la no correcta:

☐ a) Certificado de la instalación suscrito por la empresa frigorista

☐ b) Certificado de la instalación eléctrica, firmado por instalador de BT

☐ c) Copia del proyecto técnico

21. El RD 144/2016 de 8 de abril define la categoría 1 de aparatos como:

☐ a) Los más elementales y de fácil manejo

☐ b) Los que están previstos para su utilización en condiciones adversas como mezcla de gas, aire con gas, atmósferas explosivas, etc.

☐ c) Los que el fabricante fija para ellos un nivel de protección bajo

22. ¿En el interior de una sala de máquinas específica pueden instalarse equipos de calefacción alimentados por gas natural y una instalación frigorífica?

☐ a) No

☐ b) Sí

☐ c) Sí, si los equipos de calefacción son alimentados por gas-oil

23. Al finalizar una instalación, la empresa instaladora confeccionará un manual de instrucciones y en el caso de instalaciones por absorción con B_r-L_i-Agua entregará:

☐ a) La idoneidad del producto

☐ b) Certificado de su toxicidad y precauciones de uso

☐ c) Justificación documentada de su idoneidad para las soluciones adoptadas desde el punto de vista energético

24. El reglamento fija que serán de aplicación las normas con indicación del año tal como se indica en la IF-21. Cualquier modificación posterior para su aplicación deberá ser objeto de actualización por parte del Ministerio. ¿Existe alguna excepción?

☐ a) No

☐ b) Está a criterio de las Comunidades Autónomas

☐ c) Sí, cuando se incremente la seguridad intrínseca del material

25. ¿Qué establece el RD 138/2011 respecto a los organismos de control habilitados previamente?

☐ a) Que deberán cesar inmediatamente su actividad al entrar en vigor el nuevo reglamento

☐ b) Que pueden seguir desarrollando sus actividades habilitadas durante 18 meses desde la entrada en vigor del nuevo reglamento

☐ c) Que deben solicitar una nueva habilitación antes de continuar con su actividad

26. ¿Qué procedimiento debe seguirse en el desmantelamiento de una instalación frigorífica según el RSIF?

☐ a) Debe realizarlo una empresa frigorista y los residuos deben entregarse a un gestor autorizado

☐ b) Puede hacerlo el titular de la instalación siempre que lo comunique posteriormente a la Administración

☐ c) No se requiere certificación del desmantelamiento, solo la retirada de los equipos principales

27. ¿Cuándo debe notificarse un accidente con daños personales o materiales si la instalación queda parada más de una semana?

☐ a) En un plazo de 48 horas

☐ b) Lo antes posible y siempre antes de 24 horas

☐ c) Solo si hay víctimas mortales

—— TEST 2 ——

1. En la placa o etiquetado del equipo se especifica una cantidad de refrigerante. ¿Qué indica tal dato?

☐ a) Carga óptima

☐ b) Carga mínima

☐ c) Carga máxima

2. ¿En qué se diferencia el ciclo transcrítico del subcrítico?

☐ a) Descarga del refrigerante en unas condiciones de presión por debajo del punto crítico

☐ b) Descarga del refrigerante en unas condiciones de presión por encima del punto crítico

☐ c) El transcrítico hace con mayor frecuencia la descarga del refrigerante al tener el ciclo más corto

3. ¿Cuál es la diferencia fundamental entre sala de máquinas y sala de máquinas específica?

☐ a) En la sala de máquinas específica es exclusiva la instalación de componentes, consumibles y herramientas de los sistemas frigoríficos

☐ b) Ambas se consideran esencialmente iguales, con la única diferencia de que la sala de máquinas específica incorpora requisitos de seguridad más estrictos

☐ c) La sala de máquinas es exclusiva para instalaciones, componentes y consumibles hasta 300 kW de potencia útil

4. Al realizar una prueba de presión de estanquidad:

☐ a) Será superior a la presión máxima de servicio

☐ b) Será inferior a la presión máxima de servicio

☐ c) Será igual a la presión máxima de servicio

5. Se considera recipiente a presión cualquier parte del sistema de refrigeración que contiene refrigerante a excepción de:

☐ a) Compresores de tipo abierto y semihermético

☐ b) Filtro de aceite

☐ c) Serpentín

6. Normalmente el separador de partículas de líquido se instala en:

☐ a) En cualquier punto del circuito frigorífico donde circule el gas en fase líquida

☐ b) En la aspiración del compresor en el sector de baja

☐ c) En la salida del compresor dentro del sector de alta presión del sistema, para retener posibles restos de líquido tras la compresión

7. ¿Cuál será la temperatura de fusión para una soldadura fuerte?

☐ a) Igual o superior a 220 ºC

☐ b) Igual o superior a 450 ºC

☐ c) Igual o superior a 600 ºC

8. ¿Cuál será la temperatura de fusión de una soldadura blanda?

☐ a) Igual o superior a 220 ºC

☐ b) Igual o superior a 450 ºC

☐ c) Igual o superior a 600 ºC

9. El presostato con rearme manual es un dispositivo de desconexión sin ayuda de herramientas. Si la protección es contra una presión alta, se denomina:

☐ a) PZH

☐ b) PZL

☐ c) PZLL

10. El presostato con rearme manual es un dispositivo de desconexión sin ayuda de herramientas. Si la protección es contra una presión baja, se denomina:

☐ a) PZH

☐ b) PZL

☐ c) PZLL

11. ¿Con qué siglas se denomina normalmente al «Límite inferior de inflamabilidad»?

☐ a) LSI

☐ b) LII

☐ c) LPI

12. La UNE-EN 378-3: 2017+A1: 2021, indica que en los equipos de refrigeración situados a la intemperie bajo cubierta su ventilación será:

☐ a) Natural

☐ b) Forzada

☐ c) Natural o forzada

13. En los equipos de refrigeración situados en una sala de máquinas, para su ventilación, ¿cuál será la distancia mínima de las aberturas respecto a las escaleras de salida de emergencia?

☐ a) La UNE UNE-EN 378-3: 2017+A1: 2021 no la fija

☐ b) La distancia mínima será de 1 m

☐ c) La distancia mínima será de 2 m

14. ¿Cuál es la unidad de medida del TEWI?

☐ a) kg equivalentes de CO_2

☐ b) kg de CO_2

☐ c) Cantidad de CO_2 emitida a la atmósfera

15. ¿Qué significa PCA?

☐ a) Producto Certificado Autorizado

☐ b) Producto Compatible

☐ c) Potencial Calentamiento Atmosférico

16. Para medir el PAO (potencial calentamiento de la capa de ozono), se toma como unidad de referencia un gas refrigerante. ¿Cuál es ese gas?

☐ a) R-11

☐ b) R-12

☐ c) R-22

17. La figura del soldador acreditado en una empresa habilitada que realiza instalaciones en acero, ¿es necesaria?

☐ a) No, si las soldaduras son blandas y no hay procedimiento

☐ b) Sí, solo es necesario para la industria alimentaria

☐ c) Sí, y debe estar acreditada su competencia

18. El sistema de vacío, además de extraer el aire de un sistema, antes de proceder a su carga de refrigerante, también sirve:

☐ a) Para quitar la humedad dentro de las tuberías

☐ b) Para verificar la estanquidad

☐ c) Como ayuda a la carga del refrigerante

19. En caso de que en un motocompresor hermético trifásico no fuese legible el término «Potencia instalada», ¿cuál de las siguientes fórmulas es válida para el cálculo de la misma?

☐ a) $P = V\,I\,\cos\varphi$

☐ b) $P = 3\,V\,I\,\cos\varphi$

☐ c) $P = \sqrt{3}\,V\,I\,\cos\varphi$

20. ¿Cuál de las siguientes definiciones es «Fuga significativa»?

☐ a) Es aquella en la que significativamente se percibe la fuga del refrigerante

☐ b) Es aquella que impide que la instalación funcione correctamente con el resto del refrigerante

☐ c) Es aquella que en caso de producirse bloquea el funcionamiento de la instalación

21. ¿En qué condiciones puede reutilizarse un refrigerante según la normativa aplicable a instalaciones frigoríficas?

☐ a) Solo puede emplearse nuevamente si se trata del mismo refrigerante utilizado en un sistema doméstico

☐ b) Puede usarse en otro sistema distinto sin necesidad de tratamiento, siempre que no contenga impurezas

☐ c) Puede reutilizarse en el mismo sistema tras una limpieza, y en otro diferente si ha sido regenerado correctamente

22. ¿Qué es el deslizamiento en una mezcla de refrigerantes?

☐ a) La diferencia de presión entre la evaporación y la condensación de un refrigerante puro

☐ b) El aumento de temperatura provocado por el sobrecalentamiento en compresores abiertos

☐ c) La diferencia absoluta de temperatura, durante un proceso isobárico, entre el punto de burbuja y el punto de rocío de una mezcla de refrigerantes

23. ¿Qué es un absorbedor en una instalación frigorífica?

☐ a) Un dispositivo que separa aceite del refrigerante

☐ b) Un equipo que enfría el refrigerante líquido antes del evaporador

☐ c) Un dispositivo donde el refrigerante gaseoso se incorpora a un medio líquido o sólido

—— TEST 3 ——

1. Los refrigerantes se clasifican en función de su inflamabilidad en:

☐ a) 3 categorías

☐ b) 4 categorías

☐ c) Solo lo hacen por su toxicidad

2. Los refrigerantes, en función de su toxicidad, se clasifican en dos categorías «A y B». Un refrigerante que está clasificado B2L, ¿cuál será su inflamabilidad?

☐ a) Alta

☐ b) Media

☐ c) Baja

3. Cuando el fluido de transferencia de calor está en contacto directo con partes del circuito primario que contiene refrigerante y el circuito secundario está abierto a un espacio ocupado, ¿cómo se denomina a este sistema?

☐ a) Directo de pulverización abierta

☐ b) Directo de pulverización semiabierta

☐ c) Directo de pulverización semiabierta ventilado

4. Si el fluido de transferencia de calor no está en contacto directo con el medio a enfriar o calentar y una fuga de refrigerante en el circuito indirecto puede ventilarse a la atmósfera a través de una ventilación mecánica fuera del espacio ocupado, ¿cómo se denomina el sistema?

☐ a) Sistema indirecto

☐ b) Sistema indirecto ventilado

☐ c) Sistema indirecto cerrado ventilado

5. En función de su seguridad, ¿cuál es el grupo que corresponde a alta seguridad?

☐ a) L1

☐ b) L2

☐ c) L3

6. ¿Quién expide el certificado de calidad y seguridad de un refrigerante?

☐ a) El fabricante, como responsable de garantizar que el producto cumple con los estándares de calidad y seguridad establecidos en la normativa vigente

☐ b) El distribuidor, siempre que cuente con la documentación técnica proporcionada por el fabricante y verifique las condiciones de almacenamiento y transporte

☐ c) El distribuidor-fabricante

7. El aire acondicionado está en contacto con las partes del circuito que contiene refrigerante y el aire acondicionado se envía a un espacio ocupado, ¿cómo se denomina a este sistema?

☐ a) Sistema directo

☐ b) Sistema directo conducido

☐ c) Sistema directo abierto

8. ¿Qué caracteriza a un sistema de refrigeración directo?

☐ a) El compresor está alejado del punto de uso

☐ b) El medio refrigerante está en contacto directo con el medio a enfriar

☐ c) Se utiliza un intercambiador intermedio para enfriar el medio

— TEST 4 —

1. Al elegir un refrigerante se tendrá en cuenta:

☐ a) El efecto invernadero y su potencial calentamiento de la capa de ozono

☐ b) Que sea el adecuado según el tipo de máquina

☐ c) Que sea muy eficiente energéticamente

2. Se seleccionarán los refrigerantes con mejor eficiencia energética, pero cuando dicha eficiencia sea similar se deberá tener en cuenta que:

☐ a) En la similitud siempre hay uno mejor

☐ b) El valor del PCA es el más bajo posible

☐ c) El valor del PCA es el más alto posible

3. El RD 144/2016, establece los requisitos esenciales de salud y seguridad exigibles a los aparatos y sistemas de protección en atmósferas potencialmente explosivas en función del tipo de zona. El constructor tomará medidas para:

☐ a) Impedir la ignición de atmósferas explosivas teniendo en cuenta la naturaleza de cada foco de ignición eléctrico o no eléctrico

☐ b) Blindar en lo posible los aparatos para impedir que puedan desprender gases que faciliten la atmósfera explosiva

☐ c) Que los aparatos que puedan producir algún tipo de gas se instalen al aire libre

4. Los sistemas frigoríficos deben ser diseñados e instalados para que sean estancos, se debe prestar atención especial a:

☐ a) Tipo de compresor

☐ b) Calidad de los materiales

☐ c) Las tuberías, que deben llevar el marcado CE

5. Los refrigerantes deberán seleccionarse teniendo en cuenta:

☐ a) Facilidad de trasvase al equipo

☐ b) Facilidad de trasvase al equipo en baja presión

☐ c) Facilidad para su posible reutilización o destrucción

6. ¿Pueden colocarse tuberías de refrigerante en zonas de paso exclusivo como vestíbulos, entradas, escaleras?

☐ a) No

☐ b) Sí

☐ c) En vestíbulos sí

7. Para determinar la carga máxima admisible de un refrigerante en un sistema se tendrá que clasificar según los siguientes aspectos. Señala la no correcta.

☐ a) Categoría de toxicidad del refrigerante

☐ b) Categoría de inflamabilidad del refrigerante

☐ c) Clasificación del local

8. El RD 144/2016 establece los requisitos para que el equipo contribuya a la seguridad:

☐ a) Funcionarán al mismo tiempo que la seguridad del aparato

☐ b) Se aplicará el criterio de seguridad negativa

☐ c) Funcionará independientemente de los de medición y control necesarios para el funcionamiento del aparato

9. En caso de escape, los sistemas situados a la intemperie, ¿qué precaución se debe tomar?

☐ a) Ninguna

☐ b) Que tenga espacio libre para las operaciones de mantenimiento

☐ c) Que no penetre en orificios de aireación, puertas, aberturas o similares

10. La UNE-EN 1127-1: 2011 relaciona como posibles fuentes de ignición, los trabajos de amolado, reacciones químicas, trabajos eléctricos y de soldeo. Uno de los siguientes efectos eléctricos no es correcto, señálalo:

☐ a) Conexiones flojas

☐ b) Electricidad estática

☐ c) Ondas electromagnéticas de alta frecuencia

11. La UNE-EN 60079-10-1: 2016, establece la clasificación de zonas explosivas de grado 0, 1 y 2, en función del grado de escape y ventilación. Para un emplazamiento de escape primario, ¿a qué zona corresponde?

☐ a) Zona 0

☐ b) Zona 1

☐ c) Zona 2

12. Se considera parte del equipo la existencia de un enchufe y toma de corriente. Desconectar o conectar el enchufe de la toma de corriente se considera:

☐ a) Operación normal

☐ b) No tiene consideración de operación

☐ c) Es operación normal si el enchufe es especial

13. El R-744 es un compuesto no tóxico, pero cuando se supera cierto porcentaje, puede ocasionar sensación de malestar, taquicardia, dolor de cabeza. ¿Cuál es ese porcentaje?

☐ a) 1 %

☐ b) 2 %

☐ c) 3 %

14. Antes de efectuar la carga del R-744, como medida de precaución se debe realizar un vacío hasta una presión:

☐ a) 675 Pa o inferior manteniendo la presión

☐ b) 675 Pa como mínimo manteniendo la presión al menos 6 horas

☐ c) 625 Pa o inferior manteniendo la presión al menos 6 horas

15. ¿Qué operación está expresamente prohibida para cualquier componente de un circuito de R-744?

☐ a) Soldar o calentar con llama

☐ b) Soldar o calentar con llama, previo vaciado

☐ c) Soldar o calentar con llama, previo vaciado y llenado de aire o nitrógeno exento de oxígeno

16. Si el límite práctico del R-744 es de 0,1kg/m³ para una carga de 50 kg, ¿cuál será el volumen mínimo?

☐ a) 300 m³

☐ b) 400 m³

☐ c) 500 m³

17. Como precaución en circuitos de CO_2, la tubería de impulsión de las bombas de refrigeración llevará:

☐ a) Una válvula de corte para aislarla en caso necesario

☐ b) Una válvula de alivio, independiente de otros automatismos

☐ c) Una válvula de 3 vías para derivar el refrigerante en caso necesario

18. Como precaución en los circuitos de CO_2, las tuberías de salida de las válvulas de seguridad o alivio con descarga al exterior se diseñarán y montarán de forma que:

☐ a) Eviten el riesgo de bloqueo por formación de CO_2 sólido

☐ b) Eviten el riesgo de descarga en lugar habitado o de paso

☐ c) Eviten dañar a cualquier aparato cercano

19. Un equipo frigorífico no requiere de instalación en sala de máquinas si en caso de fuga de refrigerante no supera los límites prácticos indicados en la tabla de refrigerantes al que corresponda y que en los motores compresores su potencia sea inferior a 100 kW, pero su instalación estará prohibida en:

☐ a) No existe prohibición para estos equipos

☐ b) Pasillos o escaleras

☐ c) Pasillos y vestíbulos de locales industriales

20. ¿Cuál debe ser la altura a la que debe instalarse un detector de R-744?

☐ a) Inferior a 0,9 m

☐ b) Inferior a 1 m

☐ c) Inferior a 1,5 m

21. Por la coincidencia de altas presiones y bajas temperaturas de utilización, las tuberías utilizadas en la instalación del R-744 deberán emplear materiales con una resiliencia adecuada como:

☐ a) El PVC reforzado de alta densidad

☐ b) El aluminio anodizado

☐ c) El acero especial, inoxidable o cobre

22. ¿Cuál será la distancia para la ubicación de la abertura de ventilación mecánica?

☐ a) Lo más baja posible y no más de 20 cm

☐ b) Lo más baja posible y no más de 30 cm

☐ c) Lo más baja posible y no más de 40 cm

23. Las válvulas de cierre para seguridad estarán colocadas para permitir el acceso para el mantenimiento por una empresa autorizada y estarán ubicadas:

☐ a) En cualquier punto de la instalación

☐ b) Fuera del espacio ocupado

☐ c) En el interior del equipo frigorífico

24. En el caso de instalar una alarma de seguridad, su fuente de alimentación:

☐ a) Se conectará a la red como el resto de componentes eléctricos

☐ b) Se conectará enclavada con la alimentación mecánica

☐ c) Será independiente de la ventilación mecánica y de otros sistemas que la alarma proteja

25. El sistema de alarma avisará de forma audible y visible con un zumbador fuerte y una luz intermitente. ¿Cuál será la intensidad audible del zumbador?

☐ a) No está reglamentado

☐ b) Como mínimo 15 dB

☐ c) 15 dB por encima del nivel sonoro del ruido de fondo

26. ¿Cuál de las siguientes afirmaciones describe correctamente un sistema directo de pulverización abierta ventilado?

☐ a) Es un sistema cerrado en el que el fluido de transferencia nunca entra en contacto con el refrigerante

☐ b) Se considera sistema indirecto porque el circuito secundario está abierto a un espacio ocupado

☐ c) Es un sistema directo en el que el fluido de transferencia de calor está en contacto directo con el refrigerante, y aunque se ventile fuera del espacio ocupado, existe riesgo de fuga hacia dicho espacio

27. ¿Cuál de las siguientes afirmaciones define correctamente un sistema indirecto cerrado según el RSIF?

☐ a) Es aquel en el que el fluido de transferencia de calor no está en contacto directo con el medio a enfriar, y el refrigerante solo podría entrar en el espacio ocupado si también hay una fuga en el circuito secundario o se purga en su interior

☐ b) Es un sistema en el que el refrigerante circula libremente por el espacio ocupado, pero sin contacto directo con los alimentos

☐ c) Se define por permitir siempre la ventilación natural del refrigerante hacia la atmósfera desde el espacio ocupado, como medida de seguridad

— TEST 5 —

1. Todos los materiales en contacto con el refrigerante deberán tener garantizada su compatibilidad. El RD 709/2015 indica que los materiales utilizados en los equipos deberán ser alguno de los siguientes. Señala la no correcta:

☐ a) Materiales que posean una calificación específica

☐ b) Materiales que cumplan las normas

☐ c) Materiales que estén respaldados por un organismo europeo de certificación de materiales

2. El hierro fundido es un material frágil. Para su aplicación en las instalaciones frigoríficas, ¿de qué dependerá?

☐ a) De su diseño, temperatura y presión

☐ b) De su presión y temperatura

☐ c) De su temperatura y diseño

3. ¿En qué casos se requerirá el uso de aceros con altas aleaciones?

☐ a) Siempre es un material muy aconsejable por su resistencia y durabilidad, independientemente de las condiciones específicas de operación del sistema

☐ b) Cuando el sistema frigorífico opera a presiones elevadas, ya que se requiere un material que soporte esfuerzos mecánicos importantes

☐ c) Si concurren bajas temperaturas con altas presiones

4. El acero inoxidable se puede utilizar para todo tipo de instalaciones:

☐ a) Si es de calidad 18/8, sí

☐ b) Su calidad debe ser compatible con los fluidos del proceso y los contaminantes atmosféricos

☐ c) Cualquier acero inoxidable si está certificado es válido

5. En las instalaciones en las cuales se utiliza el cobre como conductor del refrigerante, ¿es necesaria alguna precaución?

☐ a) Debe ser del tipo recocido

☐ b) Las paredes tendrán un espesor mínimo de 2 mm

☐ c) Debe estar exento de oxígeno o desoxidado

6. El aluminio empleado para juntas que se utilicen con amoniaco, deberá tener una pureza mínima de:

☐ a) 99,5 %

☐ b) 98,5 %

☐ c) 97,5 %

7. El zinc y sus aleaciones no se deberán emplear en contacto con los refrigerantes:

☐ a) Amoniaco y CO_2

☐ b) Cloruro de metilo y amoniaco

☐ c) Cloruro de metilo y CO_2

8. ¿Se puede utilizar el amianto como aislante térmico?

☐ a) Sí, si no está en contacto con las personas

☐ b) Está prohibido

☐ c) Se puede utilizar en las paredes de las cámaras frigoríficas

9. Cuando se utilicen plásticos, una de sus características será:

☐ a) Que no provoque riesgo de incendio

☐ b) Que sea traslúcido o transparente, permitiendo la visibilidad parcial de su contenido

☐ c) Que tenga la capacidad de soportar variaciones térmicas significativas sin deformarse, agrietarse o perder sus propiedades mecánicas

10. Los intercambiadores, tuberías y accesorios que trabajen a temperaturas relativamente bajas, ¿cuál es la temperatura a partir de la cual se debe proceder al aislamiento térmico?

☐ a) t < 10 °C

☐ b) t < 12 °C

☐ c) t < 15 °C

11. ¿Qué se tendrá en cuenta en la selección y dimensionado del espesor de aislante térmico? Señala la no correcta.

☐ a) La diferencia de temperatura del aire ambiente

☐ b) El punto de rocío

☐ c) La conductividad térmica del material aislante seleccionado

12. Los materiales aislantes deberán cumplir, entre otros, los siguientes requisitos:

☐ a) Tener un coeficiente de conductividad térmica alto

☐ b) Tener un coeficiente de conductividad térmica bajo

☐ c) No es importante el coeficiente de conductividad y sí el espesor del material

13. En la ejecución y mantenimiento del aislamiento es importante:

☐ a) Seguir las instrucciones de montaje y aplicación del fabricante

☐ b) Seguir las instrucciones de montaje y aplicación del director de obra

☐ c) Seguir las instrucciones de montaje y aplicación del técnico montador

14. El aislamiento deberá llevar un recubrimiento de protección exterior, de plástico o metálico, ¿existe alguna excepción?

☐ a) No

☐ b) Sí, cuando incorpora una barrera de vapor con permanencia inferior a 10^{-10} kg/ms Pa

☐ c) Sí, cuando incorpora una barrera de vapor con permanencia inferior a 10^{-10} kg/ms kPa

—— TEST 6 ——

1. La presión máxima admisible de una instalación frigorífica se determina teniendo en cuenta diversos factores técnicos y de seguridad. Uno de los factores que se mencionan a continuación no es correcto, señálalo:

☐ a) Temperatura ambiente

☐ b) Método de descarche

☐ c) Radiación solar con el sistema en marcha

2. Para determinar la temperatura de diseño se tendrá en cuenta el mapa de las zonas climáticas, la adscripción de una localidad a una determinada zona se entenderá como:

☐ a) Temperatura mínima de diseño recomendable

☐ b) Temperatura máxima de diseño recomendable

☐ c) Temperatura mínima de diseño

3. ¿Cuál será la presión mínima de diseño?

☐ a) 2 x Ps

☐ b) 1,5 x Ps

☐ c) 1 x Ps

4. Las uniones deben ser soldadas, en el caso de soldadura blanda no se puede utilizar para uniones de tuberías o donde se incorporen accesorios de las mismas. Pero en un sistema compacto con carga de refrigerante de 10 kg del grupo L1, ¿se puede efectuar?

☐ a) No está permitido

☐ b) Sí, pero únicamente en componentes del circuito secundario, siempre que no supongan riesgo de fuga del refrigerante

☐ c) Sí se puede, dado que se trata de un sistema compacto con una carga inferior a los límites establecidos para el grupo de seguridad L1

5. Como equipo de presión no es aplicable a los sistemas compactos y semicompactos que funcionan con cargas de refrigerante de hasta:

☐ a) 30 kg de refrigerante del grupo L1

☐ b) 3 kg de refrigerante del grupo L2

☐ c) 1 kg de refrigerante del grupo L3

6. En las tuberías en trazados largos, se deben prever la dilatación y contracción excepto en los sistemas compactos y semicompactos con carga de refrigerante de:

☐ a) 10 kg de refrigerante del grupo L1

☐ b) 5 kg de refrigerante del grupo L2

☐ c) 2 kg de refrigerante del grupo L3

7. Los dispositivos de protección y accesorios se deberán proteger lo máximo posible contra efectos adversos ambientales, como:

☐ a) Demasiada exposición al paso de personas o turismos

☐ b) Acumulación de suciedad

☐ c) Exposición a la lluvia

8. En las uniones de tuberías los sistemas de acoplamiento de cierre rápido se utilizarán:

☐ a) Siempre que sea necesario

☐ b) Solo en la interconexión de las partes en sistemas semicompactos

☐ c) Solo en la interconexión de lugares de difícil acceso

9. En las tuberías aisladas, la posición de las uniones desmontables, ¿estará marcada?

☐ a) No es necesario

☐ b) Sí, ocasionalmente

☐ c) Sí, de forma permanente

10. ¿Cuál será el ajuste del dispositivo de alivio de presión?

☐ a) ≤ 1 x Ps

☐ b) ≤ 1,5 x Ps

☐ c) ≤ 1,6 x Ps

11. ¿Se puede utilizar la soldadura fuerte en caso de tuberías con refrigerante R-717?

☐ a) Sí, es recomendable

☐ b) Sí, si el soldador está cualificado

☐ c) No

12. ¿En qué parte del circuito frigorífico se deben evitar las uniones abocardadas?

☐ a) En las válvulas de expansión

☐ b) En las válvulas de seguridad

☐ c) En todo el circuito frigorífico

13. Las uniones por compresión roscadas y juntas de anillo bicono, se deberán restringir en:

☐ a) Líneas de líquido de diámetro interior máximo de 20 mm

☐ b) Líneas de líquido de diámetro interior máximo de 32 mm

☐ c) Líneas de líquido de diámetro interior máximo de 40 mm

14. En el trazado de tuberías, se deberá tener en cuenta la distancia entre soportes de las mismas. En el caso de una tubería de acero de diámetro nominal de 32 mm, ¿cuál será la distancia de separación de los soportes?

☐ a) La indicada por el fabricante

☐ b) 2 m de separación entre soportes

☐ c) 3 m de separación entre soportes

15. Los golpes de ariete originados por una repentina desaceleración del líquido refrigerante en la tubería, ¿se pueden prevenir? Una de las siguientes respuestas no es adecuada:

☐ a) Con el montaje de una válvula solenoide tan próxima como sea posible de la válvula de expansión

☐ b) Con el montaje de una válvula solenoide tan alejada como sea posible de la válvula de expansión

☐ c) Con el montaje de la válvula solenoide en la línea de vapor recalentado para descarche, tan próxima como sea posible al evaporador

16. Para el recorrido de las tuberías se atenderá a criterios de:

☐ a) Proximidad entre los equipos, con el fin de reducir la longitud de las tuberías y minimizar pérdidas de carga

☐ b) Seguridad

☐ c) Indicaciones del director de obra, aunque estas pueden variar según criterios personales y no siempre respondan a principios técnicos o normativos

17. Las tuberías con uniones desmontables no deberán situarse en vestíbulos, pasillos, escaleras, rellanos, entradas, salidas. ¿Existe alguna excepción?

☐ a) No, prima la seguridad en caso de escape

☐ b) Sí, siempre que sea totalmente estanco y sin posibilidad de escape

☐ c) Sí, en aquellos que no tengan uniones desmontables, sin válvulas o protegidos contra daños ocasionales

18. Las tuberías para la conexión de dispositivos de medida, control y válvula de seguridad, serán del tipo:

☐ a) Resistentes a la presión máxima admisible

☐ b) Rígidas de cobre

☐ c) Flexibles

19. Las líneas de drenaje deben cumplir unos requisitos específicos, pero estos no serán de aplicación cuando no se dé uno de los siguientes casos:

☐ a) 3 kg de refrigerante del grupo L1

☐ b) 1,5 kg de refrigerante del grupo L2

☐ c) 1 kg de refrigerante del grupo L3

20. ¿Cuál será la distancia mínima de una línea de descarga a la atmósfera de un dispositivo de alivio de presión, a cualquier entrada de aire a un edificio?

☐ a) 4 m

☐ b) 5 m

☐ c) 6 m

21. Todos los recipientes que contengan, en funcionamiento normal, refrigerantes en estado líquido deberán disponer de:

☐ a) Válvulas de cierre

☐ b) Válvulas de cierre en todas las conexiones

☐ c) Válvulas de cierre en todas las conexiones que protejan o lleguen a los mismos

22. Las válvulas que no deban manipularse cuando el sistema esté funcionando, se diseñarán para evitar su manipulación por personas no autorizadas. En caso de válvulas de emergencia su manipulación se hará mediante una herramienta apropiada, ¿dónde se situará la misma?

☐ a) Cerca y protegida contra usos indebidos

☐ b) Estará en posesión del encargado de mantenimiento

☐ c) En el taller de herramientas para el mantenimiento

23. El emplazamiento de los dispositivos de corte en los refrigerantes del grupo L2 y L3, ¿dónde se montarán?

☐ a) En lugar accesible y ventilado

☐ b) En la sala de máquinas

☐ c) En galerías para tuberías, patinillos y deben tener más de una salida de emergencia

24. Cada sector o etapa de presión de un sistema de presión debe estar provisto de indicadores de presión cuando la carga de refrigerante supere:

☐ a) 50 kg para los refrigerantes L1

☐ b) 75 kg para los refrigerantes L1

☐ c) 100 kg para los refrigerantes L1

25. ¿Están permitidos los indicadores de nivel de líquido construidos con tubo de vidrio?

☐ a) No

☐ b) Sí

☐ c) Solo en casos excepcionales

26. ¿Qué se debe tener en cuenta en el diseño y disposición de los soportes para equipos a presión en instalaciones frigoríficas?

☐ a) Únicamente las cargas estáticas, como el peso del equipo y su contenido habitual

☐ b) Las cargas estáticas y dinámicas, incluyendo el peso del equipo, contenido, acciones externas como viento o nieve, y variaciones térmicas, así como la masa del líquido en una posible prueba hidrostática

☐ c) Solo los esfuerzos mecánicos originados durante el funcionamiento normal de los equipos, excluyendo condiciones especiales o ambientales

27. ¿Cuál de las siguientes afirmaciones es correcta en relación con los accesorios flexibles para tuberías en instalaciones frigoríficas?

☐ a) Solo es necesario que soporten vibraciones y cambios térmicos, sin requerir comprobaciones periódicas si están protegidos mecánicamente

☐ b) Deben cumplir con la norma UNE-EN 1736, estar protegidos frente a daños mecánicos y esfuerzos, y someterse a comprobaciones periódicas según las indicaciones del fabricante

☐ c) Pueden instalarse sin norma específica, siempre que el instalador certifique su resistencia al uso previsto

—— TEST 7 ——

1. No será necesaria una sala de máquinas en los sistemas compactos y semicompactos que contengan una carga de hasta:

☐ a) 1 kg de refrigerante del grupo L3

☐ b) 3 kg de refrigerante del grupo L2

☐ c) 11 kg de refrigerante del grupo L1

2. Un sistema ejecutado «in situ» que contiene una carga de 3 kg de refrigerante del grupo L1, ¿constituye sala de máquinas?

☐ a) No

☐ b) Sí

☐ c) Solo si está situado en lugar público

3. En una sala de máquinas específica, cuando el sistema frigorífico trabaje con refrigerantes del grupo L1, ¿cuál será la procedencia del aire?

☐ a) Del sistema de ventilación de otro local

☐ b) Del exterior de la sala de máquinas

☐ c) Del ambiente propio de la sala de máquinas

4. Fuera de la sala de máquinas específica, y cerca de la puerta de entrada, se deberá instalar un interruptor de emergencia accionado a mano a una altura de:

☐ a) Entre 0,5 y 1,07 m

☐ b) Entre 0,6 y 1,6 m

☐ c) Entre 0,6 y 1,7 m

5. En la entrada de la sala de máquinas específica se colocará un cartel con las siguientes indicaciones, señala la no correcta.

☐ a) Que es una sala de máquinas

☐ b) Que está prohibido fumar y utilizar elementos con llama

☐ c) Que es aconsejable la no manipulación del sistema a personas no autorizadas

6. Según el CTE, en su Documento Básico de Seguridad de Incendios, ¿qué tipo de riesgo le corresponde a una sala de máquinas que contiene amoniaco como refrigerante?

☐ a) Riesgo bajo

☐ b) Riesgo medio

☐ c) Riesgo alto

7. Una sala de máquinas que contiene maquinaria con refrigerante halogenado con una potencia de 350 kW, ¿cómo se clasifica su riesgo?

☐ a) Bajo

☐ b) Medio

☐ c) Alto

8. De acuerdo con la respuesta que dio a la pregunta 6, la resistencia al fuego de las paredes y techos es:

☐ a) EI 90

☐ b) EI 120

☐ c) EI 180

9. De acuerdo con la respuesta que dio a la pregunta 7, la resistencia al fuego de la estructura portante será:

☐ a) R 90

☐ b) R 120

☐ c) R 180

10. El reglamento fija el cálculo del caudal de ventilación forzada mediante una fórmula de la cual se obtiene un valor expresado en litros por segundo. Con independencia de ello, el caudal máximo:

☐ a) No será superior a 15 renovaciones por hora, ni inferior a 6 renovaciones por hora

☐ b) No será superior a 15 renovaciones por hora, ni inferior a 10 renovaciones por hora

☐ c) No será superior a 10 renovaciones por hora, ni inferior a 6 renovaciones por hora

11. El agua tiene una alta capacidad de absorción de los vapores de amoniaco, en una sala de máquinas se deberá prever de una toma de agua. ¿Cómo se debe aplicar?

☐ a) A presión para limpiar todo el amoniaco

☐ b) A presión solo en la zona afectada

☐ c) Pulverizada sobre los vapores de amoniaco

12. En una sala de máquinas que contiene más de 2.000 kg de amoniaco, se ejecutará como sala de recogida de líquido con materiales y revestimientos estancos, teniendo una altura mínima de:

☐ a) 8 cm en todo su contorno incluidas las puertas

☐ b) 8 cm en todo su contorno excluidas las puertas

☐ c) 8 cm en todo su contorno

13. Tenemos una instalación existente con anterioridad al 8 de septiembre de 2011, si en una ampliación se supera la carga de 2.000 kg de amoniaco, pero no aumenta su volumen líquido en la sala:

☐ a) Hay que adaptarla al actual RSIF

☐ b) No es necesario transformarla

☐ c) Solo se adaptará la parte ampliada

14. Si existe la posibilidad de que la concentración de refrigerante alcance el límite inferior de inflamabilidad, el recinto deberá tener:

☐ a) Equipos de protección contra el fuego, detectores, rociadores, etc.

☐ b) Extintores de CO_2

☐ c) Elemento o disposición constructiva de baja resistencia mecánica

—— TEST 8 ——

1. El disco de rotura, además del nombre del fabricante, ¿qué otro dato importante deberá llevar grabado?

☐ a) La presión nominal de rotura

☐ b) La máxima presión admisible

☐ c) La mínima presión admisible

2. La UNE-EN 12.263: 1999 define el limitador de presión como un dispositivo de rearme automático y que se desconecta cuando se supera la presión límite que ha sido ajustada, ¿cómo se produce el rearme?

☐ a) Manual tras superar la presión límite

☐ b) Automático tras superar la presión límite

☐ c) Tras un tiempo programado de forma automática

3. Cuando se utilicen dispositivos de seguridad contra presiones excesivas, como medida adicional durante el funcionamiento de la instalación, siempre que sea posible, deberá preverse de:

☐ a) Válvula de seguridad

☐ b) Válvula de seguridad con descarga a la atmósfera

☐ c) Un limitador que pare el generador de presión antes de que actúen los dispositivos de seguridad

4. Cada sistema de refrigeración deberá estar protegido al menos con un dispositivo de alivio, tapón fusible u otro medio diseñado al efecto. ¿Existe alguna excepción?

☐ a) No, todos los sistemas deben protegerse

☐ b) Sí, en los sistemas compactos unitarios con hasta 1 kg con refrigerante del grupo L3

☐ c) Sí, en los sistemas compactos unitarios con hasta 1 kg con refrigerante del grupo L2

5. La UNE-EN 12.263 indica que el limitador de baja presión será del tipo:

☐ a) PSL

☐ b) PSB

☐ c) PBP

6. En un sistema de absorción con un consumo de energía térmica de hasta 5 kW será suficiente instalar:

☐ a) Un presostato de seguridad y un limitador de presión

☐ b) Un presostato de seguridad y un limitador de presión o de temperatura

☐ c) Un presostato de seguridad y un limitador de presión, o de temperatura, conectado eléctricamente en serie con el presostato de seguridad

7. Los dispositivos limitadores de alta presión o temperatura, antes de alcanzar la presión máxima admisible, sin descargar refrigerante a la atmósfera, deben cumplir una serie de condiciones. Una de las siguientes no es correcta, señálela.

☐ a) El motocompresor se para debido a la sobrecarga

☐ b) El motocompresor funciona a intervalos hasta alcanzar el régimen estable de presión

☐ c) El motocompresor funciona sin interrupción hasta alcanzar el régimen estable de presión

8. La UNE-EN 60.335-2-34 define el dispositivo de alivio de presión como el elemento destinado a reducir la presión automáticamente cuando se supera la presión preestablecida del dispositivo. ¿Su ajuste puede realizarlo el usuario tras la instalación?

☐ a) Sí, porque su forma de ajuste está detallada en la memoria de la instalación

☐ b) Sí, porque tiene varias posiciones de ajuste para la presión

☐ c) No, porque no tiene disposiciones para el ajuste por parte del usuario final

9. Los componentes de desplazamiento no positivo (dinámico), ¿tendrán dispositivos de alivio?

☐ a) No, si está garantizado que no sobrepase la presión máxima admisible

☐ b) No, por construcción del mismo no lo precisa

☐ c) Sí, porque no está garantizado que no sobrepase la presión mínima admisible

10. Las bombas de desplazamiento positivo de un sistema de refrigeración deberán estar protegidas con:

☐ a) Dispositivo de alivio de presión, situado en el lado de impulsión

☐ b) Válvula de seguridad situada en el lado de expansión

☐ c) Dispositivo de alivio y válvula de seguridad situados en el lado donde se prevea mayor presión

11. Las válvulas de seguridad deben ser del tipo caperuza, estarán en posición abierta y dispondrán de un precinto que impida su manipulación y con la marca de la empresa instaladora habilitada. ¿Quién rompe el precinto?

☐ a) La empresa frigorista, que reparará la válvula y la instalará de nuevo

☐ b) La empresa frigorista habilitada, y una vez sustituida la precintará nuevamente

☐ c) El personal de mantenimiento de la empresa propietaria de la instalación

12. En la UNE-EN 13136, refiriéndose a la presión excesiva de la dilatación del líquido, que para los refrigerantes en los que la diferencia entre temperatura de alivio y la crítica es menor de 20 K, la dilatación del líquido aislado debe ser:

☐ a) Al menos de 0,02 mm^2/litro de volumen aislado

☐ b) Al menos de 0,03 mm^2/litro de volumen aislado

☐ c) Al menos de 0,04 mm^2/litro de volumen aislado

13. En el dimensionamiento de una válvula de seguridad, para determinar si se debe poner válvula de seguridad sencilla o doble, ¿qué parámetros se tendrán en cuenta?

☐ a) El volumen interno bruto de la batería o serpentín, si es superior a 100 litros, sencilla

☐ b) El volumen interno bruto solo de la batería, si es inferior a 150 litros, sencilla

☐ c) El volumen interno bruto de la batería o serpentín, si es inferior a 100 litros, sencilla

14. Cuando se instale una sola válvula de seguridad para proteger a un componente del sistema frigorífico, ¿se pueden instalar válvulas de cierre en la línea del componente?

☐ a) No está permitido

☐ b) Sí, para poder sustituir el componente en caso de avería sin vaciar el circuito

☐ c) Sí, cuando estén abiertas y precintadas por un instalador habilitado

15. ¿Por qué un disco de rotura no deberá utilizarse como único dispositivo de alivio de presión?

☐ a) Aportaría poca seguridad a la instalación

☐ b) Se perdería toda la carga de refrigerante

☐ c) Se debería montar en paralelo con una válvula de alivio

16. En la modificación del ajuste de los dispositivos de seguridad limitadores de presión, estos se diseñarán de forma que:

☐ a) Solo podrá hacerlo la empresa habilitada

☐ b) La puede realizar el encargado de mantenimiento de la instalación

☐ c) Será necesario utilizar una herramienta determinada

17. El tarado de las válvulas de seguridad deberá realizarse:

☐ a) A la presión de la instalación

☐ b) No podrá tararse a una presión superior a la del elemento a proteger

☐ c) A la presión marcada por el fabricante del elemento

18. Si los evaporadores o enfriadores de aire se instalan cerca de las fuentes de calor, ¿cuál puede ser la consecuencia?

☐ a) No ocurre nada, salvo que baja el rendimiento

☐ b) Aumenta el rendimiento

☐ c) Se producirán presiones elevadas en su interior

19. ¿Cuál de las siguientes afirmaciones es correcta respecto al dispositivo de seguridad limitador de presión en instalaciones frigoríficas?

☐ a) Los interruptores mecánicos deben cumplir la norma UNE-EN 12.263 y, si se usan como limitadores de presión, no deben emplearse para funciones de control o regulación

☐ b) Los controles electrónicos pueden utilizarse libremente como dispositivos de seguridad si se calibran periódicamente

☐ c) Los interruptores mecánicos pueden utilizarse tanto para limitar la presión como para controlar el funcionamiento del sistema si están certificados

20. ¿Cuál de las siguientes afirmaciones sobre los tapones fusibles en sistemas de refrigeración es correcta según la normativa?

☐ a) Pueden instalarse en cualquier punto del equipo, siempre que estén próximos a la fuente de calor y protegidos por aislamiento térmico

☐ b) Deben colocarse por encima del nivel máximo de refrigerante líquido y no deben estar cubiertos por aislamiento térmico

☐ c) Son válidos como único dispositivo de alivio de presión, independientemente de la cantidad de refrigerante y del grupo al que pertenezca

—— TEST 9 ——

1. Antes de la puesta en servicio de un sistema de refrigeración, el conjunto de la instalación deberá someterse a ensayos. Uno de los relacionados a continuación no es correcto, señálalo:

☐ a) Ensayo de resistencia a la presión

☐ b) Ensayo de estanquidad

☐ c) Ensayo del funcionamiento de los compresores

2. Los indicadores de presión y los dispositivos de control deben ser probados. ¿Cuál será esa presión de prueba?

☐ a) La indicada por el fabricante

☐ b) La presión máxima admisible de la instalación

☐ c) 1,1 veces la presión máxima admisible

3. Las instalaciones deben someterse a pruebas de presión, para ello se debe realizar una prueba previa con el fin de localizar y corregir fugas importantes. ¿Cuál es la presión de prueba?

☐ a) 1,1 bar

☐ b) 1,3 bar

☐ c) 1,5 bar

4. Al realizar la presión de prueba, esta se deberá incrementar gradualmente hasta un 50 % y después con 1/10 de la presión de prueba hasta alcanzar su valor final. ¿Durante cuánto tiempo se ha de mantener dicha presión?

☐ a) 30 minutos

☐ b) 60 minutos

☐ c) 90 minutos

5. Las tuberías de fluidos secundarios deberán ser sometidas a una prueba hidráulica o neumática. ¿Cuál será la presión de prueba y su duración?

☐ a) 1,3 veces la máxima de servicio y de 4 horas de duración

☐ b) 1,3 veces la máxima de servicio y de 3 horas de duración

☐ c) 1,3 veces la máxima de servicio y de 2 horas de duración

6. La operación de extracción de humedad mediante el vacío, ¿sirve para comprobar la estanquidad del circuito frigorífico?

☐ a) Sí, es suficiente si no se observa caída de presión

☐ b) No, así lo indica la normativa

☐ c) Sí, para circuitos de más de 10 kW

7. El reglamento prohíbe un tipo de refrigerante para extraer la humedad. ¿Cuál es ese refrigerante?

☐ a) CO_2 en fase gaseosa

☐ b) Los halogenados en fase gaseosa

☐ c) Los fluorados en fase gaseosa

8. En un sistema frigorífico con refrigerante R-744 con carga inferior a 20 kg, la presión de vacío será de:

☐ a) 270 Pa absolutos

☐ b) 370 Pa absolutos

☐ c) 675 Pa absolutos

9. En un sistema frigorífico con refrigerante R-717, la presión de vacío antes de cargar el refrigerante será:

☐ a) 270 Pa absolutos

☐ b) 370 Pa absolutos

☐ c) 675 Pa absolutos

10. ¿Puede un sistema de refrigeración ponerse en marcha si no está debidamente documentado?

☐ a) Sí, si así lo pide la propiedad

☐ b) No, en ningún caso

☐ c) Sí, solo con la documentación de las partes importantes de la instalación

11. La carga de refrigerante en equipos de compresión de más de 3 kg de carga de refrigerante y refrigerantes azeotrópicos se introducirá en el circuito a través de:

☐ a) Sector de alta presión en fase líquida

☐ b) Sector de baja presión en fase líquida

☐ c) Sector de baja presión en fase vapor

12. La carga de refrigerantes zeotrópicos se debe efectuar:

☐ a) En fase líquida

☐ b) En fase vapor

☐ c) En fase vapor, junto al compresor

13. ¿Qué se debe hacer antes de utilizar un manómetro en una prueba?

☐ a) Limpiar el manómetro con alcohol

☐ b) Revisar que el manómetro esté conectado al sistema

☐ c) Compararlo con un manómetro patrón calibrado

14. ¿Qué está prohibido al realizar el procedimiento de vacío en un circuito frigorífico?

☐ a) Utilizar vacío para comprobar la estanqueidad

☐ b) Usar nitrógeno seco como gas de barrido.

☐ c) Medir la presión con un manómetro digital.

── TEST 10 ──

1. En los requisitos de documentación, cuando sea un refrigerante fluorado de efecto invernadero, ¿cómo se procederá?

☐ a) Se identificará el refrigerante

☐ b) Se identificará el refrigerante con su denominación química

☐ c) Se identificará el refrigerante con su denominación química, utilizándose la nomenclatura industrial aceptada

2. ¿Qué requisito de identificación adicional se utilizará en el caso de un refrigerante del grupo A2L?

☐ a) El símbolo de inflamabilidad

☐ b) El nombre químico completo del refrigerante acompañado de su nomenclatura comercial, aunque sin incluir ningún símbolo adicional de advertencia

☐ c) Solo su nomenclatura comercial

3. Las tuberías y demás componentes en línea, como accesorios, válvulas, etc., que no vayan aislados:

☐ a) Se protegerán contra golpes y rozaduras

☐ b) Se protegerán y limpiarán con una imprimación a base de zinc

☐ c) Se protegerán y limpiarán con una imprimación a base de zinc y con dos capas de pintura tipo epoxílico

4. En el caso de que la seguridad de las personas o bienes pueda verse afectada por el contenido de las tuberías, ¿cómo se procederá?

☐ a) Se avisará del posible peligro

☐ b) Se zonificará con señales de peligro

☐ c) Se pondrán etiquetas que identifiquen el contenido cerca de las válvulas de corte

5. En una instalación de 3,5 kg de refrigerante del grupo L1, ¿se debe registrar en papel o soporte informático los resultados de las pruebas y ensayos?

☐ a) Sí

☐ b) No

☐ c) Solo si lo pide el cliente

6. El manual de instrucciones que deberá proporcionar la empresa frigorista se redactará en todo caso en español y podrá repetirse en otros idiomas.

☐ a) Sí

☐ b) No

☐ c) Sí, si es acordado por la empresa frigorista y la propiedad

7. El manual de instrucciones para una instalación con potencia de compresores mayor de 10 kW, ¿debe contener más datos que el resto de instalaciones?

☐ a) Sí, por ejemplo, la carga, vaciado y sustitución del refrigerante

☐ b) No es necesario

☐ c) Solo aquellos aspectos que puedan ayudar a clarificar la instalación

8. En un sitio visible de la sala de máquinas se colocará un diagrama de las tuberías del sistema de refrigeración, ¿qué aspectos sería relevante destacar?

☐ a) Los símbolos de los dispositivos de corte, mando y control

☐ b) Nada, todo está suficientemente detallado en el diagrama

☐ c) Solo es necesario que sea visible

9. La UNE-EN 378-4 indica que todas las operaciones de recuperación y reutilización de refrigerantes y de sus fuentes deben registrarse en:

☐ a) Libro de mantenimiento

☐ b) Diario de operaciones del sistema frigorífico

☐ c) El certificado elaborado al efecto

10. En el libro de registro se especificará el control de posibles escapes de refrigerantes que deberá efectuarse a partir de:

☐ a) Carga superior a 2,5 kg de refrigerante

☐ b) Carga superior a 3 kg de refrigerante

☐ c) Carga superior a 5 kg de refrigerante

11. ¿Cuál es el símbolo de inflamabilidad?

☐ a)

☐ b)

☐ c)

12. ¿Qué obligaciones deben cumplirse en relación con los certificados y ensayos en instalaciones frigoríficas según la normativa?

☐ a) Los resultados de los ensayos y pruebas deben registrarse en soporte papel o informático, y el fabricante debe entregar a la empresa frigorista los certificados de los materiales, garantizando el cumplimiento normativo y la trazabilidad

☐ b) Solo es necesario conservar los resultados de las pruebas si así lo solicita expresamente el titular de la instalación

☐ c) La empresa frigorista puede emitir sus propios certificados de materiales, sin necesidad de documentación del fabricante, si dispone de un sistema interno de control de calidad

—— TEST 11 ——

1. ¿Qué afirmación es correcta respecto a la instalación de barreras antivapor en cámaras frigoríficas?

☐ a) La barrera antivapor debe colocarse siempre en la cara fría del aislante

☐ b) Debe instalarse sobre la cara caliente del aislante, y su permeabilidad en cámaras de temperatura negativa debe ser inferior a 0,002 g/m²·h·mmHg

☐ c) Solo es obligatoria en cámaras de congelación con suelos elevados

2. Para garantizar la minimización del impacto ambiental, para servicios positivos, la densidad del flujo térmico será de:

☐ a) 9 W/m²

☐ b) 8 W/m²

☐ c) 7 W/m²

3. La resistencia mecánica frente a sobrecargas fijas y de uso deberán diseñarse para resistir como mínimo depresiones o sobrepresiones de:

☐ a) 100 Pa

☐ b) 200 Pa

☐ c) 300 Pa

4. ¿Las puertas isotermas pueden cerrarse con llave desde el exterior?

☐ a) Sí, pero desde el interior se podrá abrir sin necesidad de llave

☐ b) Sí, pero desde el interior se podrá abrir con llave

☐ c) No, desde el interior se abrirá con un dispositivo antipánico

5. Todas las cámaras con volumen superior a 200 m³ dispondrán de un sistema equilibrador de presión. ¿En qué consiste?

☐ a) En instalar un presostato

☐ b) En tener una o dos válvulas equilibradoras

☐ c) En tener una o dos válvulas de seguridad

6. ¿Dónde se situarán los dispositivos de regulación y control en el caso de cámaras de atmósfera controlada?

☐ a) En el exterior de la cámara

☐ b) En el interior de la cámara

☐ c) En el interior siempre que se pueda entrar con seguridad

7. En las cámaras de baja temperatura, el descenso de temperatura deberá efectuarse con la puerta entreabierta y trabada con el fin de impedir su cierre. La duración del descenso será de:

☐ a) Entre 3 y 10 días en función de la masa total de la construcción

☐ b) Entre 2 y 10 días en función de la masa total de la construcción

☐ c) Entre 1 y 10 días en función de la masa total de la construcción

8. Las cámaras de atmósfera artificial, a excepción de las de maduración acelerada y desverdización, deberán ser estancas, y se someterán a una sobrepresión de:

☐ a) 100 Pa

☐ b) 200 Pa

☐ c) 300 Pa

9. Generadores de atmósfera (reductores de oxígeno) que funcionan a gas (RD 919/2006) están prohibidos los aparatos que produzcan CO en cantidad superior a:

☐ a) 5 partes por millón

☐ b) 10 partes por millón

☐ c) 20 partes por millón

10. La construcción de los túneles de congelación es similar a una cámara frigorífica y pueden estar situados en el interior de los locales de trabajo. Si el refrigerante utilizado es el R-717, ¿cuál será la carga máxima?

☐ a) Irá en función del volumen del local

☐ b) 0,00022 kg/m³ según IF-02

☐ c) Sin limitación de carga

11. Con el refrigerante R-717, el personal que trabaja durante la carga y descarga de los armarios y/o con los equipos colindantes, ¿qué requisitos debe reunir?

☐ a) Ser o pertenecer a una empresa habilitada

☐ b) Tener formación específica para tratar el refrigerante

☐ c) Tener formación específica para tratar el refrigerante y disponer de una máscara adecuada al refrigerante

12. Las cámaras de refrigerados, congelados y ultracongelados con volumen interno inferior a 10 m³, deberán disponer de un termómetro sujeto a:

☐ a) La pared más desfavorable

☐ b) Un control metrológico

☐ c) La realización de una lectura al día

13. ¿Cuál de las siguientes afirmaciones sobre las puertas isotermas en cámaras frigoríficas es correcta según la normativa?

☐ a) Todas las puertas isotermas deben contar con un dispositivo que permita su apertura manual desde el interior, sin necesidad de llave

☐ b) El aislamiento de la puerta puede ser independiente del de las paredes, siempre que esté fabricado con materiales no conductores

☐ c) Solo es obligatorio instalar sistema de apertura interior en puertas de cámaras negativas con volumen superior a 10 m³

14. ¿Qué criterio debe seguirse para el diseño del aislamiento en un local destinado a procesos frigoríficos?

☐ a) Priorizar siempre el aislamiento más grueso disponible, sin tener en cuenta el coste de la maquinaria o el consumo energético.

☐ b) Aplicar únicamente el mínimo aislamiento exigido por la normativa, sin considerar otros factores

☐ c) Aislar el local teniendo en cuenta la optimización del coste de inversión y funcionamiento, así como la reducción del impacto ambiental de la instalación

—— TEST 12 ——

1. ¿La instalación eléctrica de alimentación a un sistema frigorífico deberá incorporar una protección diferencial y magnetotérmica?

☐ a) Sí, diferenciada del resto de la instalación

☐ b) No, será suficiente con el general del cuadro de protección

☐ c) Sí, para cada uno de los elementos principales (compresores, evaporadores, etc.)

2. Los locales que utilicen refrigerantes de los grupos L2 o L3 son considerados como locales con riesgo de explosión o incendio. ¿Existe alguna excepción?

☐ a) No

☐ b) Sí, para el R-717

☐ c) Sí, si la carga no supera los 30 kg

3. En una sala de máquinas con ventilación forzada, los ventiladores se colocarán de forma que:

☐ a) Puedan ser controlados por interruptores

☐ b) Puedan ser controlados por interruptores situados en el interior

☐ c) Puedan ser controlados por interruptores situados en el interior y exterior de la sala

4. En los espacios que contengan componentes frigoríficos principales, ¿qué tipo de alumbrado se deberá instalar?

☐ a) El suficiente para poder efectuar cualquier actuación

☐ b) Cercano a los componentes frigoríficos

☐ c) Uno que sea permanente con iluminación adecuada

5. En el dispositivo de alarma destinado a la puesta en servicio de la ventilación en caso de fuga de refrigerante, su alimentación será:

☐ a) Por circuito de emergencia independiente

☐ b) Por una batería de seguridad que garantice un uso continuo de 10 horas al mes

☐ c) Las dos respuestas anteriores son correctas

6. Cuando la carga de un refrigerante inflamable sobrepase la carga máxima admisible según lo calculado por la IF-04:

☐ a) Cualquier parte del sistema debe cumplir con los requisitos de zona de riesgo de atmósfera explosiva

☐ b) Solo será zona de riesgo de atmósfera explosiva la parte donde se ubique el refrigerante

☐ c) Solo se considerará la zona del compresor y evaporador

7. El interior de las cámaras acondicionadas para funcionar a temperatura bajo cero o con atmósfera artificial dispondrá, junto a la puerta, de…

☐ a) A una altura no superior a 1,25 m de dos dispositivos de llamada (timbre, sirena o teléfono)

☐ b) A una altura no superior a 1,40 m de dos dispositivos de llamada (timbre, sirena o teléfono)

☐ c) A una altura no superior a 1,50 m de dos dispositivos de llamada (timbre, sirena o teléfono)

8. En una sala de máquinas con equipos de refrigeración con refrigerante amoniaco, ¿cómo será el aparellaje eléctrico?

☐ a) No necesita satisfacer los requisitos de zona de atmósfera explosiva

☐ b) Debe satisfacer los requisitos de zona de atmósfera explosiva

☐ c) Será antideflagrante y con protección IPX4

—— TEST 13 ——

1. Las botellas de refrigerantes se almacenarán en un emplazamiento específico, ¿qué características debe reunir?

☐ a) Que sea exclusivo

☐ b) Que esté vallado si está en el exterior, ventilado en el interior y no situado en el sótano

☐ c) No es necesario un local concreto

2. Las empresas deberán disponer de una serie de medios técnicos mínimos, por cada uno de los frigoristas, por cada 5 frigoristas de puesta en marcha, por centro de trabajo y por empresa. ¿Cuál de los relacionados a continuación corresponde a la calificación «por cada 5 frigoristas»?

☐ a) Juego de llaves fijas

☐ b) Tenazas de precintado

☐ c) Vacuómetro de precisión

3. Las empresas deberán disponer de una serie de medios técnicos mínimos, por cada uno de los frigoristas, por cada 5 frigoristas de puesta en marcha, por centro de trabajo y por empresa. ¿Cuál de los relacionados a continuación corresponde a la calificación «por centro de trabajo»?

☐ a) Bomba de vacío de doble efecto

☐ b) Higrómetro de precisión ± 5 %

☐ c) Máscara de protección para R-717

4. Las empresas deberán disponer de una serie de medios técnicos mínimos, por cada uno de los frigoristas, por cada 5 frigoristas de puesta en marcha, por centro de trabajo y por empresa. ¿Cuál de los relacionados a continuación corresponde a la calificación «por empresa»?

☐ a) Manómetro contrastado

☐ b) Equipo básico de recuperación de refrigerantes

☐ c) Equipo de medida de acidez

5. La instrucción IF-13 indica que las empresas deberán disponer de una serie de medios técnicos mínimos, por cada uno de los frigoristas, por cada 5 frigoristas de puesta en marcha, por centro de trabajo y por empresa. ¿Cuál de los relacionados a continuación corresponde a la calificación «por empresa de nivel 2»?

☐ a) Termómetro contrastado

☐ b) Tenazas de precintado

☐ c) Medidor de vibraciones para instalaciones con compresores abiertos de P > 50 kW

6. ¿Son adecuadas las máquinas de recuperación estándar para recuperar de forma segura refrigerantes inflamables?

☐ a) Sí

☐ b) Sí, si son de doble efecto

☐ c) No, se deben utilizar las adecuadas para tal fin

7. Los detectores de fugas utilizados para la detección de fugas de los HFC y HCFC no son lo suficientemente sensibles para la detección de los refrigerantes inflamables:

☐ a) Se deben utilizar los electrónicos específicos para inflamables y los operarios deben llevar siempre un detector portátil

☐ b) Se deben utilizar los electrónicos específicos para inflamables

☐ c) Se deben utilizar los electrónicos específicos

8. ¿Por qué se requieren herramientas especiales al trabajar con refrigerantes de clase A2L?

☐ a) Porque son corrosivos y dañan las herramientas comunes

☐ b) Para evitar inflamaciones, explosiones y gases tóxicos

☐ c) Porque su temperatura de evaporación es muy alta

—— TEST 14 ——

1. En el mantenimiento del aislamiento de las instalaciones frigoríficas, la comprobación de las válvulas de sobrepresión de las cámaras se efectuará con una periodicidad:

☐ a) Mensual

☐ b) Trimestral

☐ c) Semestral

2. Después de cada operación de mantenimiento correctivo se deberá:

☐ a) Comprobar que todos los aparatos de medida y control funcionan correctamente

☐ b) Efectuar el vacío de toda la instalación

☐ c) Cargar nuevo refrigerante

3. Cuando en una instalación sea necesario sustituir equipos, componentes o piezas de los mismos, ¿en quién recae la responsabilidad de que las nuevas piezas cumplan con la reglamentación vigente?

☐ a) La empresa frigorista

☐ b) La empresa comercializadora del producto

☐ c) El fabricante del producto, ya que se asume que cualquier componente que fabrica cumple automáticamente con la normativa aplicable

4. Las operaciones de purga de aceite en sistemas con refrigerante R-717, ¿pueden ser realizadas por el personal del usuario?

☐ a) No, estas operaciones están restringidas exclusivamente a empresas frigoristas habilitadas, ya que implican la manipulación directa de un refrigerante

☐ b) Sí, si ha recibido la formación específica para esta tarea

☐ c) Sí, si es del personal de mantenimiento de la empresa

5. ¿Qué precauciones se deben tomar cuando se drene el aceite de los compresores, mediante un tapón de purga, antes de retirar dicho tapón?

☐ a) Asegurarse de que el equipo esté parado

☐ b) Ninguna en especial, solo el compresor parado 30 minutos

☐ c) Reducir la presión del compresor hasta alcanzar la presión atmosférica

6. ¿Qué procedimiento debe seguirse para la emisión y archivo de los certificados de revisión en una instalación frigorífica?

☐ a) Solo es necesario emitir un ejemplar del certificado, que se conservará en la empresa titular de la instalación

☐ b) El certificado se entrega únicamente al titular de la instalación y debe ser firmado manualmente

☐ c) Debe extenderse por duplicado, conservando una copia la empresa frigorista y archivando el original en el libro de registro; además, puede emitirse por medios electrónicos

7. ¿Qué debe hacerse cuando se realiza una reparación en una instalación frigorífica, además de las revisiones periódicas reglamentarias?

☐ a) La instalación debe ser revisada por la empresa frigorista que efectuó la reparación, y esta debe anotarse en el libro de registro

☐ b) Solo debe comunicarse al titular de la instalación, sin necesidad de dejar constancia

☐ c) La revisión solo es obligatoria si se sustituye el refrigerante o se modifica el equipo principal

8. En el mantenimiento del aislamiento de las instalaciones frigoríficas, la revisión de los soportes de las tuberías y de la formación de hielo y condensaciones superficiales no esporádicas se efectuará:

☐ a) Mensual

☐ b) Trimestral

☐ c) Semestral

9. En el mantenimiento correctivo, para las reparaciones y sustituciones de componentes que contengan refrigerante, será preceptivo:

☐ a) Efectuar la reparación de forma inmediata por empresa frigorista habilitada

☐ b) Obtener permiso por escrito del titular de la instalación

☐ c) Programar la reparación de forma que no afecte a la actividad

10. ¿Quién efectuará las soldaduras de cobre y acero, cuando las tuberías corresponden a la categoría I?

☐ a) El instalador frigorista habilitado

☐ b) El soldador de la empresa, que será frigorista habilitada

☐ c) El soldador, con un certificado de soldador cualificado

11. Después de que una válvula de seguridad con descarga a la atmósfera se haya disparado, ¿qué actuación procede?

☐ a) Deberá ser sustituida

☐ b) Solo se sustituirá si no queda totalmente estanca

☐ c) Se precintará nuevamente

12. Las revisiones periódicas obligatorias de los sistemas frigoríficos se realizarán, como mínimo, con la siguiente frecuencia:

☐ a) 5 años

☐ b) 10 años

☐ c) 15 años

13. En las instalaciones frigoríficas, la comprobación mediante termografías del estado de aislamiento de las tuberías se realizará para cargas de refrigerante:

☐ a) Superior a 100 kg

☐ b) Superior a 200 kg

☐ c) Superior a 300 kg

14. Las instalaciones frigoríficas que empleen refrigerantes fluorados se deben inspeccionar:

☐ a) Cada año

☐ b) Si la carga es inferior a 100 kg, cada 2 años

☐ c) Si la carga es inferior a 200 kg, cada 3 años

15. ¿Quién debe realizar la inspección de las instalaciones frigoríficas?

☐ a) La empresa mantenedora habilitada

☐ b) La ingeniería autora del proyecto

☐ c) Un Organismo de Control habilitado

16. ¿Cuál de las siguientes acciones forma parte de la comprobación del marcado y documentación de una instalación frigorífica?

☐ a) Verificar la existencia, contenido, ubicación correcta y actualización de la placa de características de la instalación

☐ b) Revisar únicamente el estado físico de los equipos, sin necesidad de comprobar la documentación técnica

☐ c) Asegurarse de que el libro de mantenimiento esté firmado por el titular cada seis meses

17. ¿Cuál de las siguientes acciones forma parte de la comprobación de los elementos de seguridad más importantes en una instalación frigorífica?

☐ a) Revisar únicamente los registros de temperatura en cámaras positivas

☐ b) Verificar el estado de las puertas frigoríficas, asegurando su correcta apertura y cierre

☐ c) Confirmar que los equipos funcionan aunque no estén identificados los elementos de protección

—— TEST 15 ——

1. La adquisición a título oneroso o gratuito, manipulación, reparación, limpieza, reutilización de refrigerantes queda restringida a:

☐ a) Instalador habilitado, siempre que esté autorizado legalmente para realizar intervenciones en sistemas frigoríficos y manipular refrigerantes conforme a la normativa vigente

☐ b) Empresa frigorista

☐ c) Almacén distribuidor de material frigorífico

2. Las empresas frigoristas serán responsables de la recuperación, limpieza, almacenamiento y reutilización de refrigerantes usados, se entregarán al gestor de residuos autorizado. ¿Qué deben cumplir las empresas frigoristas?

☐ a) Tener un plan de residuos que contemple la variedad de residuos y estar inscritos en la Comunidad Autónoma correspondiente

☐ b) Estar inscritos en la Comunidad Autónoma correspondiente

☐ c) Entregar los residuos al gestor autorizado

3. Las empresas frigoristas mantendrán actualizado un registro normalizado e informatizado, en el que recogerán las operaciones realizadas con los refrigerantes. ¿Cuál es el plazo para realizar la inscripción?

☐ a) No se fija en el reglamento

☐ b) 24 horas

☐ c) Tras la intervención en el gas refrigerante

4. ¿Los envases refrigerantes pueden conectarse entre sí?

☐ a) No

☐ b) Sí

☐ c) Sí, es conveniente para igualar presiones y capacidad

5. El método de manipulación de refrigerantes para ser extraído de una instalación:

☐ a) Se decidirá antes de su extracción, valorando las condiciones específicas de la instalación, el tipo de refrigerante y las medidas de seguridad necesarias

☐ b) Se consultará en el histórico de mantenimiento, siempre que este incluya referencias a operaciones similares anteriores realizadas en la instalación

☐ c) Debe figurar en las instrucciones de mantenimiento

6. En qué momento de la instalación se deberá introducir el refrigerante en la misma:

☐ a) Después de las pruebas de presión y estanquidad

☐ b) Al finalizar la instalación y realizar el vacío de los circuitos

☐ c) Al finalizar la instalación al extraer la humedad

7. Al introducir en el sistema frigorífico una mezcla azeotrópica, ¿cómo se efectuará?

☐ a) Se introducirá en fase gaseosa siguiendo las instrucciones del refrigerante

☐ b) Se introducirá en fase líquida siguiendo las instrucciones del refrigerante

☐ c) Se introducirá midiendo la carga con dispositivos de carga volumétricos

8. ¿Debe comprobarse antes de la carga de un refrigerante a un sistema de refrigeración el contenido del envase?

☐ a) Sí, para evitar accidentes relacionados con el uso de un refrigerante incorrecto, contaminado o en mal estado, lo cual podría comprometer la seguridad y el funcionamiento del sistema

☐ b) No, solo se pondrá atención al punto de carga

☐ c) Sí, pero únicamente en caso de que existan dudas razonables sobre el tipo o estado del refrigerante contenido en el envase

9. Cuando se añade un refrigerante a un sistema después de una reparación, se añadirá el fluido en pequeñas cantidades, ¿por qué?

☐ a) Para facilitar la recarga

☐ b) Para evitar la sobrecarga

☐ c) Para igualar las presiones envase-circuito

10. Para aumentar el caudal de transferencia de refrigerante, ¿se puede calentar directamente el envase de refrigerante?

☐ a) Sí, de este modo se acelera el trasvase

☐ b) No

☐ c) Sí, solo se puede hacer con calefactores de calor radiante

11. ¿Se pueden reutilizar los refrigerantes CFC?

☐ a) Está prohibida su reutilización

☐ b) Sí, para recargar una instalación

☐ c) Sí, con autorización de la autoridad competente

12. Cuando un sistema quede fuera de servicio por quemarse el compresor hermético, el refrigerante debe ser:

☐ a) Limpiado

☐ b) Regenerado o eliminado

☐ c) Las dos respuestas a y b son correctas

13. El uso de un refrigerante recuperado en un sistema de refrigeración de similares características y componentes, deberá cumplir, entre otros, los siguientes requisitos. Señala la correcta:

☐ a) El mantenimiento deberá realizarlo la misma persona o empresa que recuperó el refrigerante

☐ b) La instalación debe pertenecer a la misma propiedad o usuario del que se ha extraído el refrigerante

☐ c) La empresa frigorista no necesitará informar a la propiedad o usuario de los métodos de recuperación del refrigerante

14. En la manipulación de los refrigerantes en operaciones de carga en la instalación, recuperación, limpieza, reutilización, trasvase y entrega al gestor, ¿quién debe efectuar dichas operaciones?

☐ a) El personal de mantenimiento

☐ b) El profesional habilitado

☐ c) El profesional habilitado integrado en plantilla de la empresa frigorista

15. Un refrigerante regenerado, para poder utilizarse nuevamente, ¿qué requisito debe cumplir?

☐ a) Que proceda de un gestor de residuos debidamente autorizado, quien haya llevado a cabo el proceso de regeneración conforme a la normativa vigente, garantizando su trazabilidad y emisión del certificado correspondiente

☐ b) Que cumpla con las especificaciones del refrigerante nuevo

☐ c) Que tras un análisis se pueda utilizar

16. ¿La empresa frigorista deberá informar al usuario que el refrigerante que va a utilizar es regenerado?

☐ a) No, siempre que se trate del mismo tipo de refrigerante originalmente presente en la instalación y sus propiedades no se vean alteradas

☐ b) Sí, incluso si se trata del mismo tipo de refrigerante, ya que el usuario debe conocer el origen y tratamiento del producto que se va a emplear

☐ c) Sí, y deberá entregar un certificado con número de expediente emitido por gestor autorizado

17. En el caso de un refrigerante utilizado, deberán observarse los siguientes puntos. Uno de ellos no es correcto, señálalo:

☐ a) Confirmar que el sistema de refrigeración permite el cambio

☐ b) Verificar la potencia del motor

☐ c) No se considerará la clasificación del refrigerante

18. Antes del desguace de un sistema de refrigeración o sus componentes, deberá vaciarse hasta que su presión descienda a:

☐ a) 0,6 bar absolutos en sistemas cuya capacidad volumétrica sea ≤ 0,2 m³

☐ b) 0,6 bar absolutos en sistemas cuya capacidad volumétrica sea > 0,2 m³

☐ c) 0,6 bar absolutos en sistemas cuya capacidad volumétrica sea < 0,3 m³

19. ¿Cuánto tiempo se podrán almacenar los refrigerantes recuperados por la empresa frigorista para su entrega al gestor de residuos autorizado?

☐ a) Un máximo de 3 meses

☐ b) Un máximo de 6 meses

☐ c) Un máximo de 9 meses

20. ¿Se puede almacenar un refrigerante en una sala de máquinas específica en envases?

☐ a) No, si la cantidad supera el 25 % de la instalación con un máximo de 150 kg

☐ b) Sí, si la cantidad supera el 22 % de la instalación con un máximo de 150 kg

☐ c) Sí, si la cantidad supera el 25 % de la instalación con un máximo de 200 kg

21. Los refrigerantes usados HFC y PFC, deberán entregarse a un gestor de residuos, ¿pueden reutilizarse?

☐ a) No, deben ser eliminados mediante procesos adecuados, ya que no está permitida su reutilización bajo ninguna circunstancia, independientemente de su estado

☐ b) Sí, si es posible su limpieza y regeneración

☐ c) No, en ningún caso, incluso si han sido tratados, ya que su reutilización está completamente prohibida

22. Para cualquier circuito frigorífico con más de 3.000 kg de refrigerante en sistemas de bombeo en las tuberías de aspiración de las bombas, ¿qué tipo de válvulas se montarán?

☐ a) Accionadas automáticamente por un detector de fugas

☐ b) Accionadas manualmente por el aviso de un detector de fugas

☐ c) Accionadas automáticamente por un programador de avisos

23. El reglamento prohíbe la instalación de tuberías en:

☐ a) Lugares habitables

☐ b) Pasillos y zonas de paso de personas

☐ c) Huecos de ascensor y zonas no visitables

24. Para las pruebas de presión y estanquidad, ¿qué tipo de gas se utilizará?

☐ a) El refrigerante

☐ b) El aire comprimido

☐ c) El nitrógeno seco

25. Cuando en una instalación se repare una fuga de refrigerante, ¿cómo se debe actuar?

☐ a) Una vez reparada se verificará que no existe fuga

☐ b) La instalación será objeto de un control de fugas antes de un mes de su reparación

☐ c) Se recargará de refrigerante

26. Para detectar fugas de refrigerante, la aplicación de fluidos ultravioleta, ¿cómo se realiza?

☐ a) Recorriendo todo el circuito frigorífico

☐ b) Directamente en los lugares donde se sospeche la fuga

☐ c) Este sistema debe estar autorizado por el fabricante del sistema

27. En el programa de revisión de los sistemas frigoríficos, en los sistemas nuevos, inmediatamente a su puesta en servicio, para aparatos que contengan cantidades de 5 toneladas equivalentes de CO_2 o más, la revisión se efectuará:

☐ a) Cada 12 meses o 24 si tiene un sistema de detección de fugas

☐ b) Cada 6 meses o 12 si tiene un sistema de detección de fugas

☐ c) Cada 3 meses o 6 si tiene un sistema de detección de fugas

28. En el programa de revisión de los sistemas frigoríficos, en los sistemas nuevos, inmediatamente a su puesta en servicio, para aparatos que contengan cantidades de 50 toneladas equivalentes de CO_2 o más, la revisión se efectuará:

☐ a) Cada 12 meses o 24 si tiene un sistema de detección de fugas

☐ b) Cada 6 meses o 12 si tiene un sistema de detección de fugas

☐ c) Cada 3 meses o 6 si tiene un sistema de detección de fugas

29. Se valorará la detección de fugas por métodos indirectos que estimen, de forma fiable, la variación de la carga del refrigerante mediante el análisis de los siguientes datos. Señala la no correcta:

☐ a) Presión

☐ b) Válvulas

☐ c) Temperatura

30. En el caso de detectarse una fuga leve, se subsanará lo antes posible, y se cumplimentará debidamente en el libro de registro de la instalación. ¿Cuál será el plazo máximo para su comprobación?

☐ a) 1 semana

☐ b) 15 días

☐ c) 1 mes

—— TEST 16 ——

1. Las tuberías de las instalaciones frigoríficas se identificarán con señales, etiquetas adhesivas o placas, terminadas en punta. ¿Qué significado tiene la punta o doble punta?

☐ a) Ninguno en especial, solo es estético

☐ b) El sentido del flujo

☐ c) Si es doble punta indica que es de baja presión

2. El color de fondo de las señales será amarillo y en caso de ser un refrigerante de los grupos L2 y L3, la punta se pintará de:

☐ a) Azul

☐ b) Verde

☐ c) Rojo

3. ¿Cómo se indicará en las etiquetas o señales el refrigerante que circula a través de las tuberías?

☐ a) Con su anotación simbólica alfanumérica

☐ b) Con su fórmula química

☐ c) Las dos respuestas anteriores son correctas

4. Instalaciones térmicas en los edificios con circuitos primarios en equipos compactos que utilicen refrigerantes de los grupos L2 y L3. ¿Cómo se clasifican estos sistemas?

☐ a) Tipo 1

☐ b) Tipo 2

☐ c) Tipo 3

5. Los refrigerantes de los grupos L2 y L3 pueden ser considerados como gas combustible. ¿A qué distancia de seguridad estarán situados los equipos compactos, de enchufes e interruptores eléctricos?

☐ a) 0,3 m

☐ b) 0,4 m

☐ c) 0,5 m

6. Los refrigerantes de los grupos L2 y L3 pueden ser considerados como gas combustible. ¿A qué distancia de seguridad estarán situados los equipos compactos del registro de alcantarillas, desagües, etc.?

☐ a) 50 cm

☐ b) 100 cm

☐ c) 150 cm

7. En las instalaciones térmicas en los edificios con circuitos primarios en equipos compactos que utilicen refrigerantes de los grupos L2 y L3. ¿Quién puede efectuar la instalación?

☐ a) Empresa frigorista de nivel 1

☐ b) Empresas habilitadas por el RITE

☐ c) Las dos respuestas anteriores son correctas

8. En las instalaciones térmicas en los edificios con circuitos primarios en equipos compactos que utilicen refrigerantes de los grupos L2 y L3. ¿Quién puede efectuar el mantenimiento?

☐ a) Empresa frigorista de nivel 1

☐ b) Empresa frigorista de nivel 2

☐ c) Empresa habilitada por el RITE que cumpla los requisitos establecidos para las instalaciones térmicas de nivel 1

Notas

Solucionario

—— TEST 1 ——

1	2	3	4	5	6	7	8	9
c	b	a	c	a	c	b	c	a

10	11	12	13	14	15	16	17	18
c	a	a	c	c	c	b	a	a

19	20	21	22	23	24	25	26	27
b	c	b	a	c	c	a	a	b

—— TEST 2 ——

1	2	3	4	5	6	7	8	9
c	b	a	a	a	b	b	a	a

10	11	12	13	14	15	16	17	18
b	b	a	c	a	c	a	c	b

19	20	21	22	23
c	b	c	c	c

—— TEST 3 ——

1	2	3	4	5	6	7	8
a	c	a	c	a	c	b	a

—— TEST 4 ——

1	2	3	4	5	6	7	8	9
a	b	a	a	c	a	c	c	c
10	**11**	**12**	**13**	**14**	**15**	**16**	**17**	**18**
c	b	a	c	c	c	c	b	a
19	**20**	**21**	**22**	**23**	**24**	**25**	**26**	**27**
b	b	c	a	b	c	c	c	a

—— TEST 5 ——

1	2	3	4	5	6	7	8	9
b	a	c	b	c	a	b	b	a
10	**11**	**12**	**13**	**14**				
c	a	b	a	b				

—— TEST 6 ——

1	2	3	4	5	6	7	8	9
c	a	c	a	c	a	b	b	c
10	**11**	**12**	**13**	**14**	**15**	**16**	**17**	**18**
a	c	a	b	c	b	b	c	a
19	**20**	**21**	**22**	**23**	**24**	**25**	**26**	**27**
a	c	c	a	c	c	a	b	b

—— TEST 7 ——

1	2	3	4	5	6	7	8	9
a	b	b	c	c	b	a	b	a

10	11	12	13	14
a	c	a	b	c

—— TEST 8 ——

1	2	3	4	5	6	7	8	9
a	b	c	b	a	c	b	c	a

10	11	12	13	14	15	16	17	18
a	b	c	c	c	b	c	b	c

19	20
a	b

—— TEST 9 ——

1	2	3	4	5	6	7	8	9
c	c	c	a	a	b	c	a	c

10	11	12	13	14
b	c	a	c	a

—— TEST 10 ——

1	2	3	4	5	6	7	8	9
c	a	c	c	a	c	a	a	b

10	11	12
b	c	a

—— TEST 11 ——

1	2	4	5	6	7	8	9
b	a	a	b	a	a	b	b

10	11	13	14
c	c	a	c

—— TEST 12 ——

1	2	3	4	5	6	7	8
c	b	c	c	c	a	a	a

—— TEST 13 ——

1	2	3	4	5	6	7	8
b	c	b	a	c	c	a	b

—— TEST 14 ——

1	2	3	4	5	6	7	8	9
b	a	a	b	c	c	a	c	b

10	11	12	13	14	15	16	17
c	b	a	c	a	c	a	b

—— TEST 15 ——

1	2	3	4	5	6	7	8	9
b	a	b	a	a	a	b	a	b

10	11	12	13	14	15	16	17	18
b	a	c	c	c	b	c	c	a

19	20	21	22	23	24	25	26	27
b	b	b	a	c	c	b	c	a

28	29	30
b	b	c

—— TEST 16 ——

1	2	3	4	5	6	7	8
b	c	c	c	c	c	c	b

cano‖‖pina es una editorial dedicada al
libro técnico y formativo

www.canonopina.com

ediciones@canopina.com

 Cano Pina    canal canopina

¿Quieres que te vayamos informando de nuestras novedades?

suscríbete
y a